侗族

了不起的中华服饰

杨源 著／枫芸文化 绘

中信出版集团 | 北京

图书在版编目（CIP）数据

了不起的中华服饰. 侗族 / 杨源著. -- 北京 : 中信出版社, 2024.1
ISBN 978-7-5217-5153-6

Ⅰ. ①了… Ⅱ. ①杨… Ⅲ. ①侗族-民族服饰-服饰文化-中国 Ⅳ. ①TS941.742.8

中国版本图书馆CIP数据核字（2022）第251346号

了不起的中华服饰 · 侗族

著　　者：杨源
绘　　者：枫芸文化
出版发行：中信出版集团股份有限公司
（北京市朝阳区东三环北路27号嘉铭中心　邮编　100020）
承 印 者：北京瑞禾彩色印刷有限公司

开　　本：787mm × 1092mm　1/16　　印　　张：3　　字　　数：60千字
版　　次：2024年1月第1版　　印　　次：2024年1月第1次印刷
书　　号：ISBN 978-7-5217-5153-6
定　　价：38.00元

出　　品：中信儿童书店
策　　划：神奇时光
策划编辑：韩慧琴
责任编辑：韩慧琴
营销编辑：孙雨露　张琛
装帧设计：李然
排版设计：杨兴艳

序

中国是一个多民族的国家，在长期的历史发展中，各民族共同创造了璀璨辉煌的中华文明。各民族丰富多彩的传统服饰文化，体现了中华文化的多样性。

中国的民族服饰不仅在织绣染等工艺上技艺精湛，而且款式多样、制作精美、图案丰富，更是与各民族的社会历史、民族信仰、经济生产、节庆习俗等层面有着密切联系，还承载着各民族古老而辉煌的历史文化。

中国民族服饰的发展呈现了各民族团结奋斗、共同繁荣发展的和谐景象，也是当今中国十分具有代表性的传统文化遗产。

“了不起的中华服饰”是一套讲述民族服饰文化的儿童启蒙绘本。本系列图书以精心绘制的插图，通俗有趣的文字，讲述了中国十分有代表性的民族服饰文化和服饰艺术，也涵盖了民族的历史、艺术、风俗、民居、服装款式、图纹寓意和传统技艺等丰富的内容。孩子们不仅可以在本套绘本中进行沉浸式的艺术阅读，同时还能学到有趣又好玩的传统文化知识。

侗族主要分布在贵州、湖南、广西毗连的广大地区，这里山峦重叠，杉木葱茏，江水奔腾，田野苍翠，有着无数的侗族村寨。贵州黎平、榕江、锦屏、从江、镇远、剑河等县的侗族人口最多，湖南通道、新晃、绥宁等县以及广西的三江、龙胜等县也是侗族的主要聚居区。

目录

侗族历史

侗族的历史很久远，比侗族古歌还要古老，千百年来的民族历史，口口相传于民间歌谣和传说之中。侗族古歌这样唱道：

我们都是越王子孙，没有贵贱之分。
当初我们侗族的祖先，住在梧州一带。
当初我们的祖先，住在音州河旁。
…………
我们是寻着都柳江上来的，
我们就沿着有水的地方来了。
…………

侗族最早可以追溯到古代的百越部落，发源地在洞庭湖周边地区。由于战争和气候变化等原因，侗族先民四处迁徙，寻找安居之地。南迁的一支沿着长江支流沅水河向西南不断迁徙，择地建寨，在如今的广西梧州的周边定居了很长时间，随后由梧州向西，进入都柳江流域（在今贵州省东南部），与西迁的族人会合，开垦梯田，种植林木，安居乐业，不再迁徙，都柳江也因此被侗族人尊为母亲河。最终，侗族先民聚居于今天的贵州、湖南、广西三省区毗连地区。

“人的起源”“祖公上河”等古老的侗族传说和古歌，也反映出侗族的悠久历史和自然生活。

生活方式

侗族聚居的苗岭之东、武陵之南，气候温和，溪河纵横，土地肥沃，具有良好的农业、林业生产条件。侗族人世代繁衍生息在这方乐土，创造出了悠久的农耕文化，种植水稻、小麦、薯类、玉米等粮食作物以及棉花、茶叶、油菜等经济作物。

侗族的民间歌谣、传说和现存的社会遗俗，反映了侗族社会经历过的原始社会和农耕生活。

依山傍水是侗族村寨的特点。侗寨在群山环抱中，梯田层叠，寨边溪河长流，寨头村尾树木参天。侗寨传统的房屋建筑，都是用杉木建造的木楼，有二三层的小楼房，也有四五层的高楼。位于河边或陡坡的寨子，依据地形建成吊脚楼，楼上住人，楼下圈牲畜、堆放杂物。侗寨木楼分布稠密，寨中有鱼塘和用来晾晒稻穗的禾架，道路用石板铺成。

吊脚楼屋顶

鼓楼和风雨桥是侗族村寨中亮丽的风景。

鼓楼是侗寨中具有独特风格的建筑物，也是侗族人聚会娱乐的场所，每一个侗寨都建有鼓楼。这种建筑，下部呈方形，顶部瓦檐呈多角形，飞阁重檐，层层而上，形似宝塔，高耸寨中，巍峨庄严，气势雄伟。贵州从江高增侗寨有一座鼓楼，结构精巧，瓦檐上塑有龙凤花鸟，秀丽玲珑，蔚为壮观，展现了侗族工匠杰出的智慧和高超的建筑水平。

贵州从江高增侗寨鼓楼

在侗族聚居的地方，有河必有桥。桥梁有木桥、石拱桥、竹筏桥等，修建在村前寨后的交通要道，其中名为“风雨桥”的亭廊式木石桥，以独特的艺术结构和建筑技巧而久负盛名。

最为著名的侗寨风雨桥是广西三江程阳风雨桥，长达 77.65 米，桥面宽 3.75 米，桥高 10.7 米，桥上建有多角宝塔形的桥亭五座。瓦顶雕花刻画，通道两侧有栏杆、长凳，形如游廊。

广西三江程阳风雨桥

侗族服饰

侗族服饰有南侗和北侗之别。南部侗族分布在贵州榕江、从江、黎平以及广西三江、龙胜、融水和湖南通道等县，服装款式多样，织绣精美，装饰华丽。北部侗族分布在贵州锦屏、剑河、天柱、三穗、玉屏以及湖南新晃等县，服装款式相对简约。

侗族服饰种类丰富，因居住地区和族群不同，侗族女子的服装款式、装饰图案、制作工艺、发型头帕各有不同，可谓千姿百态。侗族女子盛装时装饰华丽，劳作时穿着简洁干练，华贵与朴素相得益彰。

贵州从江高增侗族女盛装

侗族服饰种类

贵州从江西山侗族女盛装：

绾髻于头顶，插银凤钗、银花，穿亮布大领对襟衣，领襟、衣袖镶有精美的织绣片，下着百褶裙，系绣花腰带，外缀花带。佩戴银拧花项圈、银链和耳坠、手镯等丰富的银饰。

贵州从江西山侗族女盛装

杨馆馆讲知识：侗族是一个崇尚银饰的民族，“以多为美，以多为富”的银饰观念流行于广大侗族聚居区，精美的银饰各有特色。庆典喜事时，侗族女子通身佩戴银饰，银光闪闪，令人目不暇接，男子也佩戴银项圈。

贵州黎平尚重侗族女装：绾髻于头顶，插银凤钗、银簪，穿无领大襟衣、百褶裙，系围腰，衣襟、衣袖及围腰以双针打籽绣装饰，绣工精细，色彩华美。佩戴银项圈、银锁、银耳饰、银镯等多种银饰。

贵州黎平尚重侗族女装

贵州黎平尚重侗族少女头饰

杨馆馆讲知识：侗族织锦是我国民间纺织品中著名的织锦，生产历史悠久，织造技艺精湛，主要原料有丝和棉，用彩色经纬织出绚丽多彩的花纹图案，也用黑白棉纱织出古朴的素锦。侗锦是侗民族重要的衣着和家用面料，其中贵州黎平侗族织锦、湖南通道侗族织锦最为精美。织锦承载着侗民族对美好生活的向往，龙凤、花鸟等纹样都有着吉祥幸福的含义。

贵州从江高增侗族女装：绾髻于头顶，戴银额带、插银凤钗，穿亮布对襟衣、百褶裙，领襟衣袖饰有精细的织绣片，腰系镶银牌围裙，胸前佩戴银锁、银链，装饰风格别致。

贵州从江高增侗族女装

贵州黎平侗族花鞋

杨馆馆讲知识：

绣花鞋：按传统习俗，侗族女孩盛装时都要穿绣花鞋。右图是黎平侗族花鞋，它传承着古老的鞋式样，鞋头高高翘起，就像龙船一样，并以双针打籽绣针法绣出龙纹装饰。这种用手工精心绣制的花鞋，好看好穿。

贵州黎平银朝侗族女盛装：绾髻于头顶，插银凤钗、银梳，穿亮布无领大襟衣，衣袖镶有精细的织绣片，下着百褶裙，系围腰，佩戴银项圈、银链和耳坠、手镯、腰坠等银饰。

贵州黎平银朝侗族女盛装

贵州黎平银朝侗族女装

贵州黎平侗族刺绣腰带

贵州榕江仁里侗族女装

贵州榕江仁里侗族女装：绾髻于头顶，插银簪，穿无领大襟衣、百褶裙，系围腰，领襟、衣袖及围腰上镶有绣片，佩戴银项圈、银链和耳坠、手镯等银饰，衣装较为古朴。

湖南通道坪坦乡侗族女装

湖南通道坪坦乡侗族女装：绾髻于头顶，插银凤钗、银梳、银花，穿大领对襟衣、百褶裙，花腰带垂于裙侧，下着绑腿、绣花鞋，佩戴银项圈、银链锁等银饰。

广西三江富禄侗族女装：头顶绾大髻，插饰银凤钗、银簪、鲜花等，穿亮布大领对襟衣，领襟、袖口有精美刺绣，对襟中间敞开，露出绣花胸兜，下着百褶裙，系亮布围腰和绣花腰带，佩戴银链、银耳坠、银镯等银饰。

广西三江富禄侗族女装

广西三江富禄侗族女衣裙

广西龙胜乐江侗族女装：头顶绾大髻，插饰银凤大钗、银花簪、鲜花等，穿白色大领对襟衣、百褶裙，领襟袖口饰有织绣，对襟中间露出绣花胸兜，系银牌围腰。佩戴银链、银锁、银耳坠、银镯等银饰。

广西龙胜乐江侗族女装

广西三江八江镇侗族男装

广西三江八江镇侗族男装：包青布头帕、插饰锦鸡尾羽，穿亮布立领对襟衣，肩挎绣花包。下着白色长裤，裹绣花绑腿，穿布鞋。佩戴藤纹银项圈。

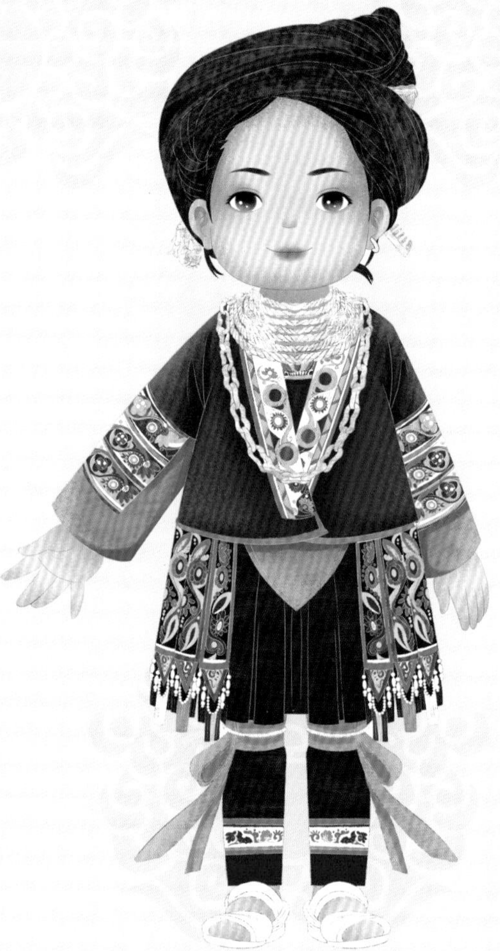

广西三江程阳侗族女装

广西三江程阳侗族女装：绾髻于头顶，插银钗，穿亮布大领对襟衣、绣花胸兜，领襟、衣袖刺绣精美，下着百褶裙，裹绣花绑腿，外缀花带帘裙。佩戴拧花银项圈、银链等银饰。

广西三江程阳侗族女衣裙

侗族服饰技艺

侗族妇女擅长纺纱织布，有着精湛的织绣染手工技艺，侗锦、侗布、挑花、刺绣等工艺品极富特色，显示出侗族女子的聪慧勤劳和高超技艺。

贵州从江侗族妇女织花带

侗族染制的靛蓝色亮布，通用于侗族男女服装，展现了侗族服饰的独特风韵。

贵州从江侗族妇女晾晒侗布

贵州黎平侗族妇女捶制亮布

侗锦织造精美，有图纹精致的侗帕、花腰带、姑娘陪嫁的被面、背儿带和各种各样的衣物装饰。

贵州榕江侗族姑娘绣花

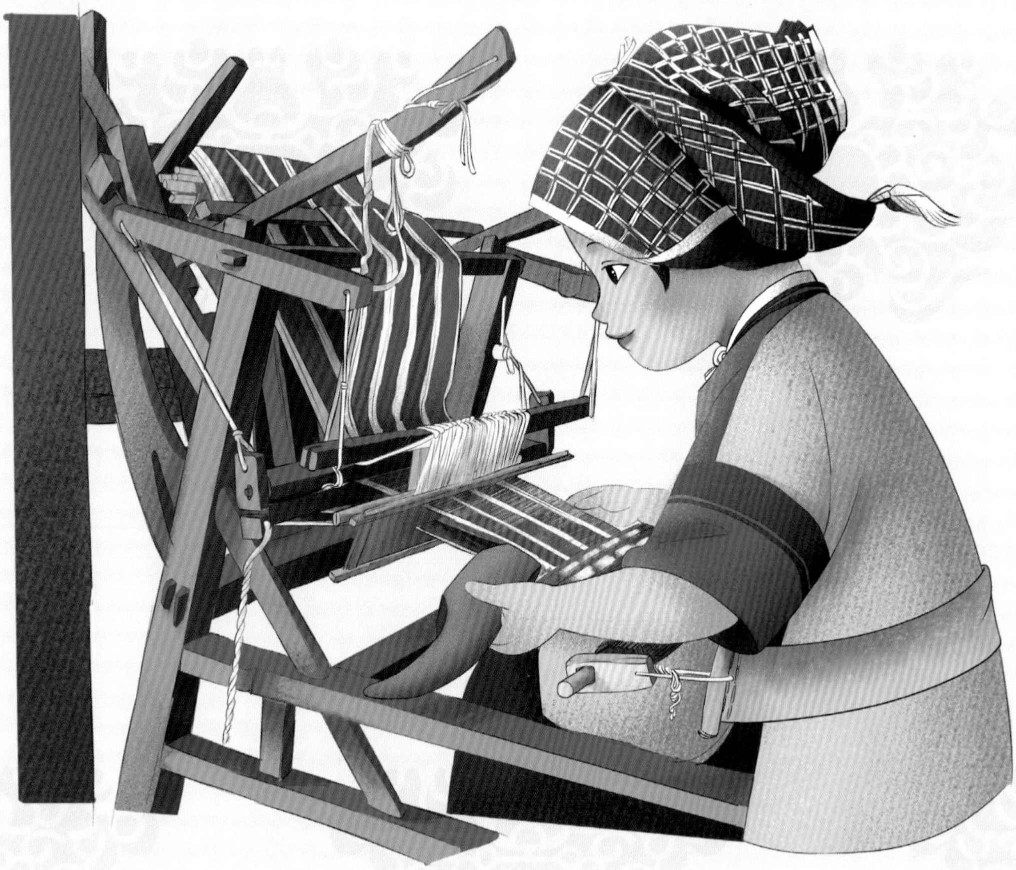

湖南通道侗族妇女织锦

侗族妇女最擅长双针打籽绣和剪纸贴绣，展现出侗族服饰的精细繁复和绚丽色彩。剪纸贴绣是将剪纸贴于刺绣用的绸布上再精心刺绣，这种绣法使刺绣图纹更加立体美观。

广西三江侗族剪纸

广西三江侗族刺绣

贵州从江侗族亮布绣花女装

妈妈的背儿带

用背儿带背负孩子，是侗族的传统习俗。这样的背负为孩子提供了安全感，增进了母子间的亲密度，也解放了妈妈的手，让她可以劳作和绣花。美丽的背儿带，是孩子的护身物，也是连接亲子血脉的纽带。让我们一起来了解妈妈背孩子的过程吧。

第一步
用长抱裙把孩子胳肢窝以下的身子包起来。

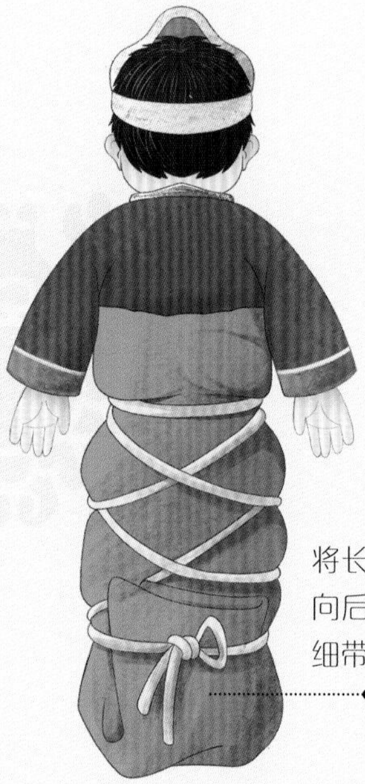

第二步
将长过脚部的抱裙向后翻折，再用长细带捆扎好。

第三步
妈妈的身体向前弓，将孩子放稳在背上后，先将背儿带的长带从孩子的胳肢窝下穿过，搭上自己的肩头，再在胸前交叉缠绕两圈。

杨馆馆讲知识：背儿带是在姑娘出嫁生子后，母亲或外婆赠送给新生儿的诞生礼或满月礼，正如侗族歌谣所唱：“一条背带千古根。”一个孩子融合了两家人的血脉，一件背儿带也带来了外婆的祝福，维系了两家的亲情。

第四步

将长带摆到身后，在孩子的臀部交叉勒紧并绕至身前系牢。

第五步

最后，把骑片下方的两根带子提到腹部前打一个结，让孩子更加安稳地靠在妈妈背上。

侗族背儿带：在侗族织绣艺术中，背儿带是最为精美的，它凝聚着母亲对儿女深深的祝福，亦展示着母亲傲人的针线功夫。侗族的双针打籽绣背带堪称一流绣品，其图案古老、绣工精致、色彩富丽。逢年过节，盛装打扮的母亲们背着幼儿，在人声沸腾的节日歌堂上，神情欢愉地绕圈跳舞。那一件件织绣精美的背儿带，象征着人丁兴旺，也承载着民族的希望。

贵州黎平尚重侗族双针打籽绣龙纹背儿带

背着孩子的妈妈

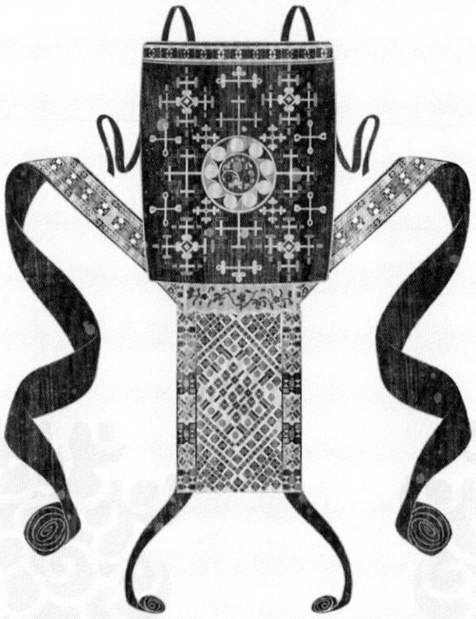

贵州黎平洪州侗族背儿带

贵州黎平洪州侗族背儿带织锦图纹

侗族童帽：侗族童帽样式奇特，绣工精细，针针线线都凝聚着母亲的爱心。双针打籽绣是侗族童帽常用的绣法，纹样有龙、鱼、鸟等吉祥图案。下图中童帽式样如同屋顶，意在期盼童帽能像屋顶那样护佑孩子平安长大。

—贵州黎平侗族童帽（正面）—

—贵州黎平侗族童帽（背面）—

节日习俗

侗族的节日有春节、侗年、祭牛神、吃新节等。逢年过节，侗族人聚集在鼓楼前的广场上唱歌跳舞，一派“吹彻芦笙岁又终，鼓楼围坐话年丰”的欢乐氛围。侗年，是侗族最隆重的传统节日。沿袭古礼和惯例，每年农历十一月过侗年，嫁出去的女儿、外出谋生的亲人们都要赶回家中团圆。节日中有庄严的祭祖仪式，也有斗牛、芦笙舞、踩歌堂等喜庆娱乐。全村寨男女老少都要身着侗族盛装，到鼓楼坪上参加踩歌堂活动。

欢欢喜喜过侗年

侗族民间歌舞多与节日庆典活动有关，每当节日来临，都要盛情展演。

侗族民间舞蹈有多耶、芦笙舞和舞龙、舞狮等。

“多耶”就是边跳舞边唱歌的意思，主要盛行于三江、从江、黎平、通道等县。每年节庆活动时，侗家人穿着节日盛装，集中在鼓楼坪上，手牵手或互相搭肩，围成圆圈，以整齐和有节奏的步伐，边舞边唱。

在榕树下欢乐歌唱的侗族青年

三江侗族多耶舞

唱歌在侗家人的生活中不可缺少，年长的教歌，年轻的唱歌，年幼的学歌，代代相传，成为社会习俗，侗家人常以“侗家人人会唱歌”而自豪。侗族民间还有传统的歌队组织，走乡串寨，唱“侗族大歌”，远近闻名。都柳江甘甜醇美的水浸润出侗家人甜美的嗓音和高山流水般的侗族大歌，这“清泉闪亮般的音乐”旋律悠扬，和声美妙。

参加祭祖仪式的从江侗族孩子

贵州黎平侗族唱歌女子

侗族女孩唱大歌

芦笙舞是一项集音乐、舞蹈、运动于一体的娱乐活动，内容包括芦笙踩堂舞、青年交谊舞、芦笙比赛舞，是舞者吹奏芦笙，边吹边舞的欢乐舞蹈。侗族人认为，一个优秀的男人，不但是生产能手，而且也要吹得好芦笙，并能表演高难度的芦笙舞，以此展示才华。

湖南通道地阳坪侗族芦笙舞

舞龙、舞狮多在春节期间表演，舞姿生动活泼，形式欢乐，深得侗家人喜爱。各村寨之间还要集体进行舞龙、舞狮交流表演，出发之前要祭奠萨神祖母，喝祖母茶，祈求萨神赐福于侗乡侗寨，保佑侗家人幸福安康。

侗族舞草龙

图案花纹

太阳纹

侗族人感念太阳散发出的光和热，使人类和大地万物得以生存。侗族传说远古时期洪水泛滥，淹没大地，毁灭生灵。侗族上古神仙在天上置了九个太阳，晒干洪水，挽救了生灵。太阳纹在侗族服饰图纹中的应用，表达了侗族人对太阳的崇敬。

贵州从江侗族太阳纹——九个太阳

广西三江富禄侗族太阳纹背儿带盖帕

侗族崇拜太阳的虔诚，在背儿带上最为常见，许多侗族母亲将太阳纹绣在背儿带上，祈盼太阳神保佑孩子健康成长。

古榕纹

在侗族聚居的都柳江流域，生长着许多四季常青的千年古榕树。这些古榕树主干粗壮，盘根错节，展现出强韧、绵延的生命力。侗族人希望能像榕树一样根深叶茂，人丁兴旺，因此尊榕树为“神树”。贵州黎平和广西三江的侗族母亲将榕树绣在背儿带上，以守护孩子健康成长。

三江洋溪乡月亮榕树纹背儿带盖帕

龙凤纹

在侗族的神话传说中，远古时期洪水滔天，淹没了大地上的所有生灵，只有侗族先民姜良与姜妹在神龙的帮助下得救，并在凤凰天使的撮合下结成夫妻，繁衍后代。为感念龙凤的恩德，侗族一直保留着崇拜龙凤的风俗，在建筑及各种装饰图纹中，龙凤形象随处可见，被尊为吉祥神。侗锦和刺绣衣物中的龙纹亲切可敬，凤纹则多伴随龙纹出现，千姿百态。

湖南通道侗族先民与神鸟纹侗锦背儿带盖帕

湖南通道侗族大龙凤鸟纹织锦

月亮纹

这是湖南通道县独坡镇侗族特有的背儿带装饰花纹，以汉代流传的锁绣针法绣出色调明快的图案。侗族母亲绣的月亮花背儿带，中间的大圆纹是守护孩子的月亮，四周的小圆纹是星星，纹样如同神秘的天文星象图。

迁徙途中的侗族先民与神鸟

湖南通道独坡镇月亮纹背儿带盖帕

作为百越后裔的侗族人自古有敬鸟如神的习俗，在侗族古老的传说里，侗族先民艰难的南迁途中，是雁、鹤、鹰等神鸟为先民指引方向。因此，侗族人将鸟纹织在侗锦上，绣在衣物上。最为突出的是各地侗族丰富多彩的芦笙衣，都缀饰着白色羽毛。

画一画，涂一涂

太阳纹

杨馆馆讲知识：太阳、月亮与古榕——儿童的保护神

太阳、月亮与古榕在侗乡扮演着儿童保护神的角色。

为什么侗族母亲要在孩子的背带上绣太阳纹呢？原来侗族自古就有太阳崇拜。为什么在孩子的背带上把月亮与榕树纹绣在一起呢？因为居住在都柳江流域的南部侗族流传着“榕树长在月亮中，没有榕树月亮就不会发光”的神话。侗族独特的太阳纹、月亮纹与榕树纹，肩负着护佑孩子健康成长的神圣使命呢！

树在人类远古神话中，既是人类攀缘登天、与天对话的天梯，也是支撑天地不塌的顶天柱。